输变电工程安全隐患 辨识图册

国网江西省电力有限公司建设分公司　组编

中国电力出版社
CHINA ELECTRIC POWER PRESS

内 容 提 要

本书根据《国家电网有限公司电力建设安全工作规程》、《国家电网公司输变电工程施工分包管理办法》等文件要求，概括了35千伏及以上输变电工程建设现场安全管控重点，列举了常见违章案例，详细阐述了问题表现，并逐条查找安规依据，具体分析了违章原因和整改要求，对输变电工程建设管理具有很强的指导作用。

本书可帮助人工智能工程师了解现场实际应用需求，指导其开发智能识别算法并部署应用，也适用于35千伏及以上输变电工程，可作为入门学习材料，帮助现场班组骨干、各级项目部管理关键人员快速准确查找现场安全问题，排除事故隐患，提高现场管理水平。

图书在版编目（CIP）数据

输变电工程安全隐患辨识图册 / 国网江西省电力有限公司建设分公司组编．— 北京：中国电力出版社，2024.1

ISBN 978-7-5198-8242-6

Ⅰ．①输…　Ⅱ．①国…　Ⅲ．①输电－电力工程－安全管理－图集　Ⅳ．① TM72-64

中国国家版本馆 CIP 数据核字（2023）第 207361 号

出版发行：中国电力出版社

地　　址：北京市东城区北京站西街 19 号（邮政编码 100005）

网　　址：http：//www.cepp.sgcc.com.cn

责任编辑：崔素媛（010-63412392）

责任校对：黄　蓓　马　宁

装帧设计：张俊霞

责任印制：杨晓东

印　　刷：三河市航远印刷有限公司

版　　次：2024 年 1 月第一版

印　　次：2024 年 1 月北京第一次印刷

开　　本：880 毫米 ×1230 毫米　32 开本

印　　张：2

字　　数：45 千字

定　　价：19.00 元

编委会

主　编：龚文凯　胡戈飚

副主编：杨　玎　习雨同　杨嫄嫄

参　编：曾志武　杨腾伟　聂　文　刘　源

邹　捷　甘　帆

前　言

输变电工程安全隐患是指在电网建设工程中，可能导致不安全事件或事故发生的物的不安全状态、人的不安全行为和生产管理上的缺陷等问题。随着社会进步和科学技术发展，利用人工智能和视频监控管控现场作业，消除安全隐患已成为安全生产管理的发展方向。为不断夯实安全生产基石，加强安全管理与新技术的融合，进一步提高现场安全管理水平，特编写本书。

本书依据《国家电网有限公司电力建设安全工作规程　第1部分：变电》（Q/GDW 11957.1—2020）、《国家电网有限公司电力建设部分　第2部分：线路》（Q/GDW 11957.2—2020）等编写。全书共5章，涵盖安全管理、安全工器具、施工用电、脚手架搭设、模板安装、高处作业、起吊（重）作业、焊接等52个案例，每个案例均由问题表现、违反规定和整改要求三部分组成。本书总结了电网建设中常见的安全隐患，采用特征鲜明的图片，图文并茂地介绍了每个安全隐患的表现形式、违反规程、产生原因和采取的措施，便于从业人员掌握，并有针对性地采取防范措施。

本书可作为电网工程安全建设人员的入门学习读物，帮助现场班组骨干、各级项目部管理关键人员快速准确查找现场安全问题，排除事故隐患，提高现场管理水平；还可作为技术人员针对现场实际情况开发基于机器学习的 AI 图像识别系统的参考资料。

鉴于编写人员理论水平和实践经验有限，书中难免存在不妥与疏漏之处，敬请广大读者批评指正。

目 录

第 1 章　现场安全管控重点

本章主要介绍架空线路工程、变电站工程、电缆线路工程以及特殊条件下安全管理中的现场安全管控重点。

1.1　架空线路工程

架空线路工程主要包括基础施工作业、组塔施工作业和架线施工作业。

基础施工作业管控重点为在大板基础、掏挖基础、岩石基础、人工挖孔桩基础等的开挖、支模、浇筑过程中存在的易忽视、管理不到位问题可能引发人身事故的施工作业风险。重点排查索道运输、水上运输，以及深度大于 5m 的大板基础、掏挖基础、人工挖孔桩及岩石基础爆破等风险作业。

组塔施工作业管控重点为附着式外拉线抱杆、悬浮抱杆、落地通天抱杆等分解组立，起重机吊装组立等施工过程中存在的易忽视、管理不到位可能引发人身事故的施工作业风险。重点排查抱杆组立、拉线设置、地锚埋设、塔材吊装、临近带电体组塔等风险作业。

架线施工作业管控重点为在张力场及牵引场设置、牵引绳展放、导地线展放、紧挂线及附件安装、线路拆旧等施工过程中，因存在易忽视和管理不到位问题可能引发人身事故的施工作业风险。重点排查跨越架搭设、跨越带电线路（高速公路、铁路、通航河流）等风险作业。

1.2 变电站工程

变电站工程主要包括土建施工作业、安装调试施工作业、改扩建工程施工作业。

土建施工作业管控重点为在四通一平、基础施工、构支架组立、房屋建筑施工及构筑物施工中存在的易忽视、管理不到位问题可能引发人身事故的施工作业风险。重点排查深基坑、高大模板、超重超长构件吊装、交叉作业、施工用电等风险作业。

安装调试施工作业管控重点为在一次设备安装、二次设备安装调试中存在的易忽视、管理不到位问题可能引发人身事故的施工作业风险。重点排查设备吊装、母线安装、高压试验等风险作业。

改扩建工程施工作业管控重点为在土建间隔扩建、一次设备安装、二次设备安装、二次接入带电系统中存在的易忽视、管理不到位问题可能引发人身事故的施工作业风险。重点排查临近带电体作业、大型设备安装、运行屏柜二次接线、特殊性高压试验等风险作业。

1.3 电缆线路工程

管控重点为在电缆敷设、附件安装、电缆试验、电缆停送电等施工过程中存在的易忽视、管理不到位问题可能引发人身

事故的施工作业风险。重点排查有限空间作业、动火作业、运行设备区施工、接头制作、绝缘耐压试验、电缆切改作业等风险作业。

1.4　特殊条件下安全管理

1. 防灾避险安全管理

管控重点为在水上施工、季节性施工、多工种立体交叉作业及与运行交叉作业中存在的易忽视、管理不到位问题可能引发人身事故的施工作业风险。重点排查高温、冬季施工，雷雨季节防雷击，跨越电力线防感应电，高原地区作业、接触易燃易爆、有毒有害物品作业，交通运输，山洪及泥石流等风险。火灾隐患管控重点为林区、草原区域施工的火种管理，施工作业区域的易燃物管理，电气火灾防范管理，消防设备设施用具管理，应急预案及演练管理，防汛物资准备和驻地仓库管理等风险。

2. 应急管理

开展施工环境内影响安全的危险源辨识、统计和分析，编写应急预案（或处置方案），及时向地方人民政府应急管理部门备案，做到全员培训，结合施工现场和工序要求制定演练计划，严格按照应急管理程序开展实战演练，提升应对处置各类突发事件能力。

3. 电力安全保障期间管理

国家重要活动、迎峰度夏等特殊时段，公司采取电力安全保障措施。电力安全保障期间一般不安排二级风险作业，三级风险作业提级管控。期间各级管理人员压紧压实安全责任，落实作业单元管控长效机制；严格领导干部和项目管理人员到岗到位要求；加强安全教育培训；做好风险预控，开展隐患排查和专项监督，针对排查出的隐患制定措施及时消除。

第2章　通用部分违章

2.1　项目关键人员严重不到位

问题表现	（1）业主、监理、施工项目部对现场施工作业组织、人员配置、风险管控等情况不掌握、不监督、不管理。 （2）三级及以上风险作业项目关键人员未对现场进行检查。
违反规定	《国家电网有限公司输变电工程建设安全管理规定》第五十六条：施工安全风险采取分级管理，参建单位负责本岗位施工安全风险管理工作，通过信息化手段监控施工安全风险作业进程，履行风险作业到岗到位责任。
整改要求	立即组织责任单位开展“举一反三”整改。省公司级单位对责任单位及相关人员进行约谈考核，并督促责任单位落实项目关键人员到岗到位要求。

2.2　分包合同、授权委托书签订人非法定代表人或其授权委托人

问题表现	分包合同、授权委托书签订人非法定代表人或其授权委托人，签名笔迹不同，同一个在不同的工程中签字笔迹不同，实际工作中，分包合同和授权委托书存在代签现象。

续表

<table>
<tr><td>问题
表现</td><td>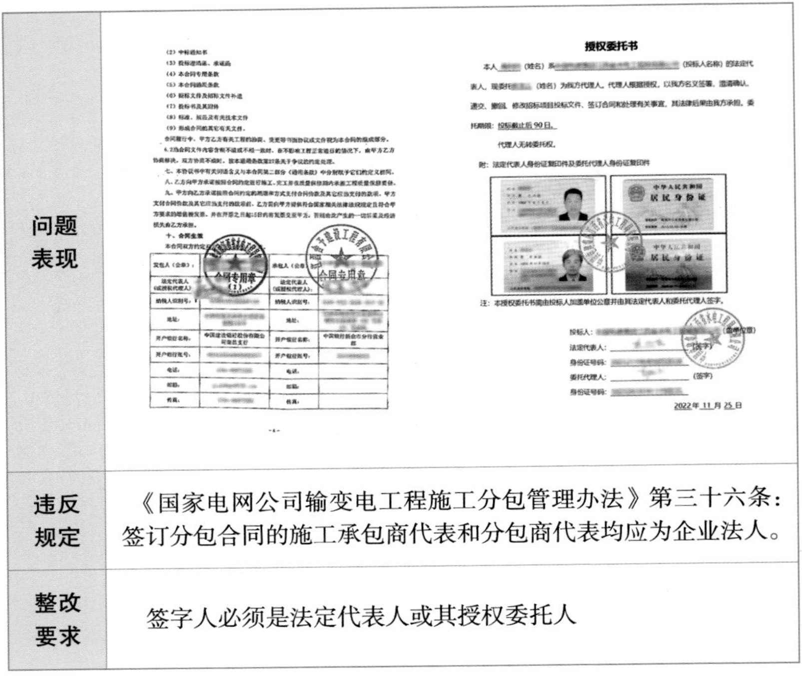
（2）中标通知书
（3）投标澄清函、承诺函
（4）本合同专用条款
（5）本合同通用条款
（6）招标文件及招标文件补遗
（7）投标书及其附件
（8）标准、规范及有关技术文件
（9）形成合同的其它有关文件。
合同履行中，甲方乙方有关工程的洽商、变更等书面协议或文件视为本合同的组成部分。
6.2当合同文件内容含糊不清或不相一致时，在不影响工程正常进行的情况下，由甲方乙方协商解决。双方协商不成时，按本通用条款第27条关于争议的约定处理。
七、本协议书中有关词语含义与本合同第二部分《通用条款》中分别赋予它们的定义相同。
八、乙方向甲方承诺按照合同约定进行施工、竣工并在质量保修期内承担工程质量保修责任。
九、甲方向乙方承诺按照合同约定的期限和方式支付合同价款及其它应当支付的款项。甲方支付合同价款及其它应当支付的款项前，乙方需向甲方提供符合国家相关法律法规规定且符合甲方要求的增值税发票，并在开票之日起15日内将发票交至甲方，否则由此产生的一切后果及经济损失由乙方承担。
十、合同生效
本合同双方约定……
发包人（公章）： ｜ 承包人（公章）：
法定代表人（或授权代理人）： ｜ 法定代表人（或授权代理人）：
纳税人识别号： ｜ 纳税人识别号：
地址： ｜ 地址：
开户银行名称： ｜ 开户银行名称：
开户银行账号： ｜ 开户银行账号：
电话： ｜ 电话：
邮箱： ｜ 邮箱：
传真： ｜ 传真：
合同专用章
-4-

授权委托书
本人　　（姓名）系　　（投标人名称）的法定代表人，现委托　　（姓名）为我方代理人。代理人根据授权，以我方名义签署、澄清确认、递交、撤回、修改招标项目投标文件、签订合同和处理有关事宜，其法律后果由我方承担。委托期限：投标截止后90日。
代理人无转委托权。
附：法定代表人身份证复印件及委托代理人身份证复印件
中华人民共和国
居民身份证
注：本授权委托书需由投标人加盖单位公章并由其法定代表人和委托代理人签字。
投标人：　　（盖单位章）
法定代表人：　　（签字）
身份证号码：
委托代理人：　　（签字）
身份证号码：
2022年11月25日</td></tr>
<tr><td>违反
规定</td><td>《国家电网公司输变电工程施工分包管理办法》第三十六条：签订分包合同的施工承包商代表和分包商代表均应为企业法人。</td></tr>
<tr><td>整改
要求</td><td>签字人必须是法定代表人或其授权委托人</td></tr>
</table>

2.3 作业层班组不合格

<table>
<tr><td>问题
表现</td><td>（1）能力不符合要求：班组骨干没有足够的工作经历，不懂作业要求，安全考试不合格。
（2）身份不符合要求：班组骨干在现场从事与其职责不相符的工作，或是施工单位开工前与分包队伍部分人员签订用工合同，将其作为班组管理人员，实际与分包人员是一个包工队。
（3）组织不符合要求：班组骨干与核心分包人员相互不熟悉，作业现场严重违背强制措施，班组骨干在班组人员作业前不能到场，班组人员作业完成前已离开现场。
（4）准入不符合要求：班组人员未纳入“e安全”管控，未经准入进入作业现场。</td></tr>
</table>

续表

问题表现	（5）装备不符合要求：班组安全防护用品、使用的主要工器具或材料非施工单位（或专业分包单位）提供，或提供了班组不使用。
违反规定	（1）《国家电网有限公司输变电工程建设安全责任考核办法》附件 1 触发风险提示的问题。 （2）《国家电网有限公司输变电工程建设施工作业层班组建设标准化手册》中的相关要求。
整改要求	（1）将不合格班组清退出场，重新组建合格班组。 （2）班组人员经培训考试合格，纳入“e 安全”及安全风险管控平台准入后，方可进场。 （3）要求施工单位（或专业分包单位）提供符合要求的装备，驻队监理、班组骨干监督班组规范使用。

2.4　专项施工方案未由施工企业技术、质量、安全等职能部门共同审核

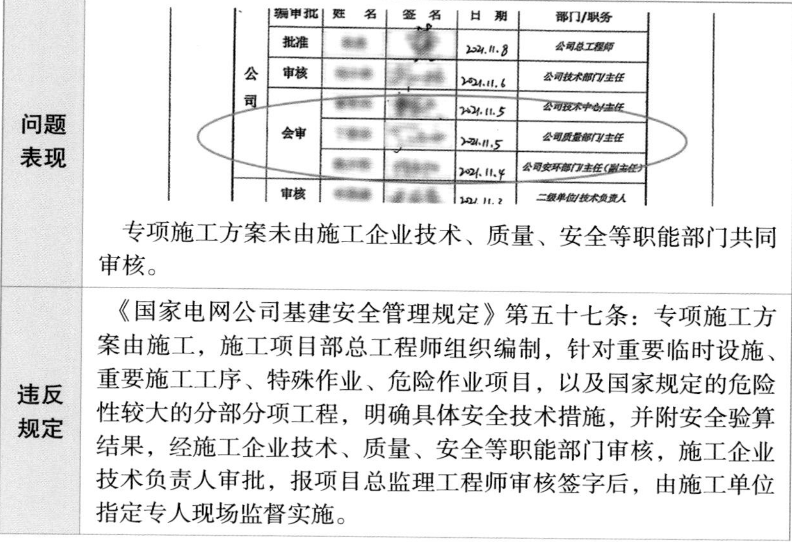

	编审批	姓　名	签　名	日　期	部门/职务
公司	批准	[illegible]	[illegible]	2021.11.8	公司总工程师
	审核	[illegible]	[illegible]	2021.11.6	公司技术部门/主任
	会审	[illegible]	[illegible]	2021.11.5	公司技术中心/主任
		[illegible]	[illegible]	2021.11.5	公司质量部门/主任
		[illegible]	[illegible]	2021.11.4	公司安环部门/主任（副主任）
	审核	[illegible]	[illegible]	2021.11.2	二级单位/技术负责人

问题表现	专项施工方案未由施工企业技术、质量、安全等职能部门共同审核。
违反规定	《国家电网公司基建安全管理规定》第五十七条：专项施工方案由施工，施工项目部总工程师组织编制，针对重要临时设施、重要施工工序、特殊作业、危险作业项目，以及国家规定的危险性较大的分部分项工程，明确具体安全技术措施，并附安全验算结果，经施工企业技术、质量、安全等职能部门审核，施工企业技术负责人审批，报项目总监理工程师审核签字后，由施工单位指定专人现场监督实施。

续表

整改要求	专项施工方案由施工企业技术、质量、安全等职能部门共同审核后方可进行下一步工作。

2.5 一般施工方案未由项目总监理工程师批准

问题表现	批准： 审核： 编制： 一般施工方案未由项目总监理工程师批准。
违反规定	《国家电网公司基建安全管理规定》第五十七条：一般施工方案由施工项目部技术员编制，经施工项目部安全员、质检员审查，项目总工程师审批，报项目总监理工程师批准后，由施工项目部技术员组织交底实施。
整改要求	一般施工方案项目总监理工程师批准后方可进行下一步工作。

2.6 现场应急处置方案未经业主项目经理、总监理工程师审查，未报建设管理单位分管领导批准

问题表现	现场应急处置方案编制人未经业主项目经理、总监理工程师审查，未报建设管理单位分管领导批准。

续表

问题表现	批准人：　年　月　日 审核人：　年　月　日 业主项目经理：　年　月　日 总监理工程师：　年　月　日 施工项目经理　[illegible]　[illegible]年3月[illegible]日 编写人：[illegible]　[illegible]年3月[illegible]日 XXX500kV 输变电工程项目应急工作组 年　月　日发布
违反规定	《国家电网公司基建安全管理规定》第九十九条：现场应急处置方案应由业主安全专责、安全监理工程师、施工安全员等工作组成员共同制定，经施工项目经理、总监理工程师、业主项目经理审查，报建设管理单位分管领导批准后开展演练，并在必要时实施。
整改要求	现场应急处置方案编制人增加业主项目部安全专职和安全监理工程师。

2.7　特种作业人员、特种设备作业人员无证作业

问题表现	特种作业人员、特种设备作业人员上岗前未经规定的专业培训并取证、证件到期未复审、人证不符。
违反规定	《国家电网有限公司电力建设安全工作规程》5.2.4：特种作业人员、特种设备作业人员应按照国家有关规定，取得相应资格，并按期复审，定期体检。
整改要求	（1）无证人员清退出场，更换为持有效证件的特种作业人员、特种设备作业人员，重新报审。 （2）业主、监理及施工项目部动态开展现场作业人员资格核查工作。

2.8 无施工方案或施工方案存在重大错误，现场措施与方案内容“两张皮”

问题表现	（1）无施工方案开展作业。 （2）现场执行的施工方案未履行编审批程序。 （3）施工方案中施工平面布置、施工方法、装备、工具、安全防护设施等重要问题与实际不符。
违反规定	《国家电网有限公司输变电工程建设安全管理规定》第六十六条：工程现场作业应落实施工方案中的各项安全技术措施。施工项目部应根据工程实际编制施工方案，完成方案报审批准后，组织交底实施。 第六十七条：针对重要临时设施、重要施工工序、特殊作业、危险作业，以及危险性较大的分部分项工程，明确具体安全技术措施，并附安全验算结果，方案报审批准后，由施工单位指定专人现场监督实施。
整改要求	（1）施工项目部根据工程实际编制施工方案，按照规定要求对关键的分部分项工程进行安全验算，完成方案报审批准后，组织交底实施。 （2）全体作业人员应参加施工方案、安全技术措施交底，并按规定在交底书上签字确认。 （3）现场作业严格按照施工方案执行，施工过程如需变更施工方案，应经措施审批人同意，监理项目部审核确认后重新交底。

2.9 无计划开展风险作业

问题表现	现场施工作业未纳入基建“e安全”作业计划管理，现场人员、作业计划、安全风险等管控存在盲区或弄虚作假。
违反规定	（1）《国家电网有限公司输变电工程建设安全管理规定》第五十一条：现场施工实行作业计划刚性管理制度，所有作业均应纳入作业计划管控；

续表

违反规定	第五十三条：输变电工程建设参建单位要全程掌握作业计划的发布、执行准备和实施情况，禁止无计划作业。 （2）《国家电网有限公司输变电工程建设安全责任考核办法》附件 1 触发风险提示的问题。 （3）《输变电工程建设施工安全风险管理规程》6.3：风险作业计划。
整改要求	（1）立即组织责任单位开展“举一反三”整改。省公司级单位对责任单位及相关人员进行约谈考核，督促责任单位严格通过“e 安全”实施作业计划上报。 （2）各级管理部门、各参建单位要将作业计划管理纳入日常督查工作中，将无计划作业、随意变更计划作业、管控措施不落实等行为作为重点督查对象。

2.10　无票作业

问题表现	（1）现场作业未办理施工作业票、超出作业票范围作业。 （2）施工作业票使用周期超过 30 天，未重新办理。
违反规定	《输变电工程建设施工安全风险管理规程》6.4.1：禁止未开具施工作业票开展风险作业。 7.9：施工作业票使用周期不得超过 30 天。
整改要求	立即停止作业，按照《输变电工程建设施工安全风险管理规程》中关于施工作业票管理规定正确办理作业票。

2.11　施工机械、受力工器具无检测报告、不合格或违规使用

问题表现	（1）施工机械、受力工器具无有效检测报告、检查记录及合格标志。 （2）汽车式起重机缺少制动器、限位器、力矩保护器等安全装置。

续表

问题表现	（3）施工机械、受力工器具以小代大等违章使用。  

续表

问题表现	
违反规定	（1）《国家电网有限公司电力建设安全工作规程　第 2 部分：线路》（Q/GDW 11957.2—2020）5.1.3：相关机械、工器具应经检验合格，通过进场检查。 （2）《国家电网有限公司电力建设安全工作规程　第 2 部分：线路》（Q/GDW 11957.2—2020）7.2.7：起重机械的各种监测仪表以及制动器、限位器、安全阀、闭锁机构等安全装置应完好齐全、灵敏可靠，不得随意调整或拆除。不得利用限制器和限位装置代替操纵机构。
整改要求	（1）更换不合格施工机械、受力工器具，履行施工机械、受力工器具进场报审手续。 （2）对存在缺陷的施工机械、受力工器具进行维修，检验合格后方可使用。 （3）对操作人员开展针对性培训。

2.12 绞磨、手扳葫芦检测报告中盖有劳务分包单位公章

问题表现	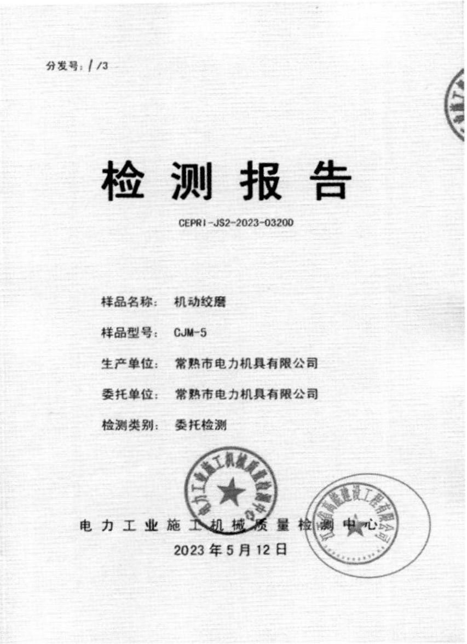 分发号：1/3 **检 测 报 告** CEPRI-JS2-2023-03200 样品名称：机动绞磨 样品型号：CJM-5 生产单位：常熟市电力机具有限公司 委托单位：常熟市电力机具有限公司 检测类别：委托检测 电力工业施工机械质量检测中心 2023年5月12日 绞磨、手扳葫芦检测报告中盖有劳务分包单位公章（劳务分包商分包内容不能包括构成工程实体的材料、主要施工机械供应）
违反规定	《国家电网公司输变电工程施工分包管理办法》第五十五条：劳务分包作业所需的施工机械、起重设备由施工承包商配备，并安排合格人员操作。
整改要求	劳务分包作业所需的施工机械、起重设备由施工承包商配备。

2.13　大风、大雾等恶劣天气条件下冒险组织作业

<table>
<tr><td>问题
表现</td><td>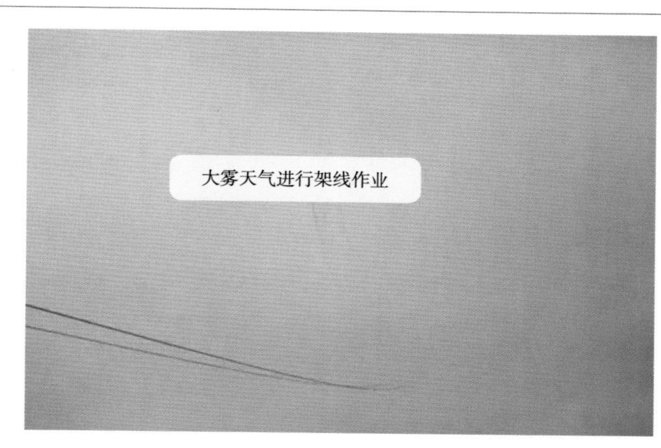

大风、大雾等恶劣天气下仍继续组织开展以下作业：
（1）高处作业。
（2）水上运输。
（3）露天吊装。
（4）组塔架线。
（5）户外电缆施工。
（6）线路参数测试。
（7）户外高压试验。
（8）露天或高处焊接和切割。</td></tr>
<tr><td>违反
规定</td><td>《国家电网有限公司电力建设安全工作规程　第 2 部分：线路》（Q/GDW 11957.2—2020）4.5 遇有六级及以上风或暴雨、雷电、冰雹、大雪、大雾、沙尘暴等恶劣气候时，应停止高处作业、水上运输、户外（以及可能受到恶劣气候影响的电缆沟、电缆井等场所）电缆施工、露天吊装、杆塔组立和架线施工等作业。
7.3.1.11 在风力五级以上及下雨、下雪时，不可露天或高处进行焊接和切割作业。</td></tr>
</table>

续表

违反规定	12.11.2.10 遇有雷电、雨、雪、雹、雾和六级以上大风时应停止参数测试。 13.2.9 跨越不停电线路架线施工应在良好天气下进行，遇雷电、雨、雪、霜、雾，相对湿度大于 85% 或 5 级以上大风天气时，应停止作业。如施工中遇到上述情况，则应将已展放好的网、绳加以安全保护。 14.4.9 遇有雷雨及五级以上大风时应停止户外高压试验。
整改要求	恶劣天气条件下采取相应安全措施后停止作业。

2.14 临时电源未按要求装设漏电保护器

问题表现	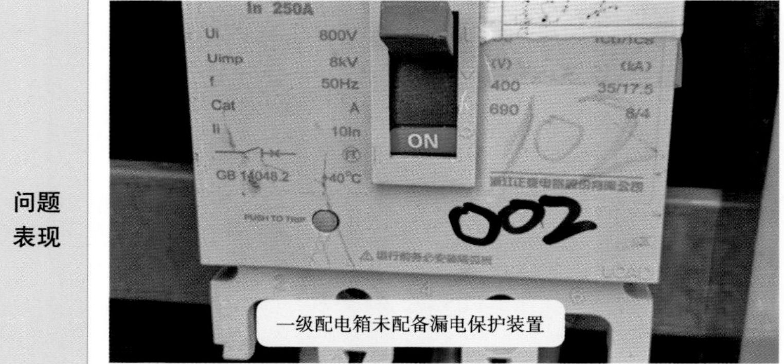 一级配电箱未配备漏电保护装置 （1）临时电源未装设漏电保护器或漏电保护器失效。 （2）漏电保护器的额定动作电流和分断时间配置错误。
违反规定	《国家电网有限公司电力建设安全工作规程　第 1 部分：变电》（Q/GDW 11957.2—2020）6.5.1.6 施工用电工程的 380V/220V 低压系统，应采用三级配电、二级剩余电流动作保护系统（漏电保护系统）。

续表

违反规定	6.5.6 用电及用电设备要求当配电系统设置多级剩余电流动作保护时，每两级之间应有保护性配合，并应符合规定。
整改要求	（1）加装或更换合格的漏电保护器。 （2）每天使用前启动试验按钮试跳一次，试跳不正常时不得继续使用。

2.15　用电电缆未进行地埋

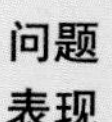问题表现	 用电电缆未进行地埋。
违反规定	《国家电网公司电力安全工作规程　电网建设部分（试行）》3.5.4.9：现场直埋电缆的走向应按施工总平面布置图的规定，沿主道路或固定建筑物等的边缘直线理设，埋深不得小于0.7m，并应在电缆紧邻四周均的敷设不小于 50mm 厚的细砂，然后覆盖残或混深士板等硬质休护层：转弯处和大于等于 50m 直线段处，在地面上设明显的标志：通过道路时应采用保护套管。
整改要求	用电电缆入土处理。

2.16 配电箱箱门未进行跨接

问题表现	 配电箱箱门未进行跨接。
违反规定	《施工工现场临时用电安全技术规范》（JGJ 46—2015）8.1.13：配电箱、开关箱的金属箱体、金属电器安装板以及电器正常不带电的金属底座、外等必须通过PE线端子板与PE线做电气连接，金属箱门与金属箱体必须通过来用编织软铜线做电气连接。
整改要求	按相关要求做好接地连接。

2.17　临边、孔洞无防护

问题表现	（1）施工现场坑、沟、孔洞等未铺设符合安全要求的盖板或设可靠的围栏、挡板及安全标志。 （2）在悬岩、陡坡上进行边坡开挖作业时，未设置防护栏杆并系安全带。  

续表

<table>
<tr><td>问题表现</td><td>

</td></tr>
<tr><td>违反规定</td><td>（1）《国家电网有限公司电力建设安全工作规程　第1部分：变电》6.1.6（或《国家电网有限公司电力建设安全工作规程　第2部分：线路》6.1.4条）：施工现场及周围的悬崖、陡坡、深坑、高压带电区等危险场所均应设可靠的防护设施及安全标志；坑、沟、孔洞等均应铺设符合安全要求的盖板或设可靠的围栏、挡板及安全标志。危险场所夜间应设警示灯。
（2）《国家电网有限公司电力建设安全工作规程　第2部分：线路》10.1.3.4 在悬岩陡坡上作业时应设置防护栏杆并系安全带。</td></tr>
<tr><td>整改要求</td><td>临边、孔洞周围按规程要求设置安全围栏或孔洞盖板等措施。</td></tr>
</table>

2.18　拉线、地锚未经计算校核，未经验收挂牌即投入使用

问题表现	 
	（1）现场拉线、地锚未经计算校核。 （2）拉线打在树桩或者岩石上。 （3）地锚未采取防雨水浸泡的措施。 （4）拉线、地锚未经验收挂牌。

续表

违反规定	（1）《国家电网有限公司电力建设安全工作规程　第2部分：线路》 11.1.6 c）临时地锚应采取避免被雨水浸泡的措施。 g）不得利用树木或外露岩石等承力大小不明物体作为受力钢丝绳的地锚。 8.3.13.4 地锚、地钻埋设应专人检查验收，回填土层应逐层夯实。 （2）《国家电网有限公司关于防治安全事故重复发生实施输变电工程施工安全强制措施的通知》 一、加强施工技术方案管理； 二、加强作业关键环节验收把关。
整改要求	（1）涉及拉线、地锚的施工方案应附计算书，每份计算书均应由计算人（施工班组技术员）、审核人（方案编制组织人）签字。 （2）拉线、地锚在进场前由项目安全员、项目安全监理工程师进行入场前审查，在投入使用前、施工作业中由施工作业层班组长、班组安全员、班组技术员、监理工程师按规范要求进行验收，验收挂牌后方可开始后续作业。 （3）施工作业中，班组安全员、班组技术员、监理工程师按照施工技术方案要求对拉线状态进行巡视检查。

2.19　基坑、沟道开挖缺少防坍塌措施

<table>
<tr><td rowspan="2">问题表现</td><td>（1）不用挡土板挖坑时，坑壁未留有适当坡度。
（2）堆土距离坑边过近（小于 1m）、堆积过高（超过 1.5m）。
（3）人工挖孔基础的护壁厚度、高度、配筋不符合设计要求。</td></tr>
<tr><td>

</td></tr>
</table>

续表

违反规定	（1）《国家电网有限公司电力建设安全工作规程　第 2 部分：线路》10.1.1.3 在深坑作业应采取可靠的防坍塌措施。 10.1.1.6 堆土应距坑边 1m 以外，高度不得超过 1.5m。 10.1.1.8 除掏挖桩基础外，不用挡土板挖坑时，坑壁应留有适当坡度。 10.4.2.2 人工挖孔基础应按设计要求设置护壁，应有防止孔口坍塌的安全措施。 （2）《架空输电线路灌注桩基础技术规定》8.2.27 第一节井圈护壁应符合下列规定： b）井圈顶面应比场地高出 100~150mm，壁厚应比下面井壁厚度增加 100~150mm。
整改要求	（1）基坑、沟道开挖按设计要求放坡，控制堆土距离和高度。 （2）人工挖孔基础按照设计要求制作护壁。

2.20　高空作业，未正确使用安全带、攀登自锁器或速差自控器等安全措施

问题表现	高空作业未正确使用安全带、攀登自锁器或速差自控器。 

续表

问题表现	
违反规定	（1）《国家电网有限公司电力建设安全工作规程　第 1 部分：变电》7.1.5 高处作业人员应正确使用安全带，宜使用坠落悬挂式安全带，构支架施工等高处作业时，应采用速差自控器等后备保护设施。安全带及后备防护设施应高挂低用。高处作业过程中，应随时检查安全带绑扎的牢靠情况。在没有脚手架或者在没有栏杆的脚手架上工作，高度超过 1.5m 时，应使用安全带，或采取其他可靠的安全措施。 （2）《国家电网有限公司电力建设安全工作规程　第 2 部分：线路》7.1.1.9 高处作业人员在攀登或转移作业位置时不得失去保护。杆塔上水平转移时应使用水平绳或设置临时扶手，垂直转移时应使用速差自控器或安全自锁器等装置。
整改要求	（1）高处作业人员上下杆塔、构架时正确配备使用攀登自锁器，水平转移时应使用水平绳或设置临时扶手，垂直转移时应使用速差自控器或安全自锁器等装置。 （2）高处作业时安全带及后备防护设施应固定在牢固的构件上，高挂低用，随时检查安全带绑扎的牢固情况。

2.21 焊接和热切割特殊工种证件已过复审日期

问题表现	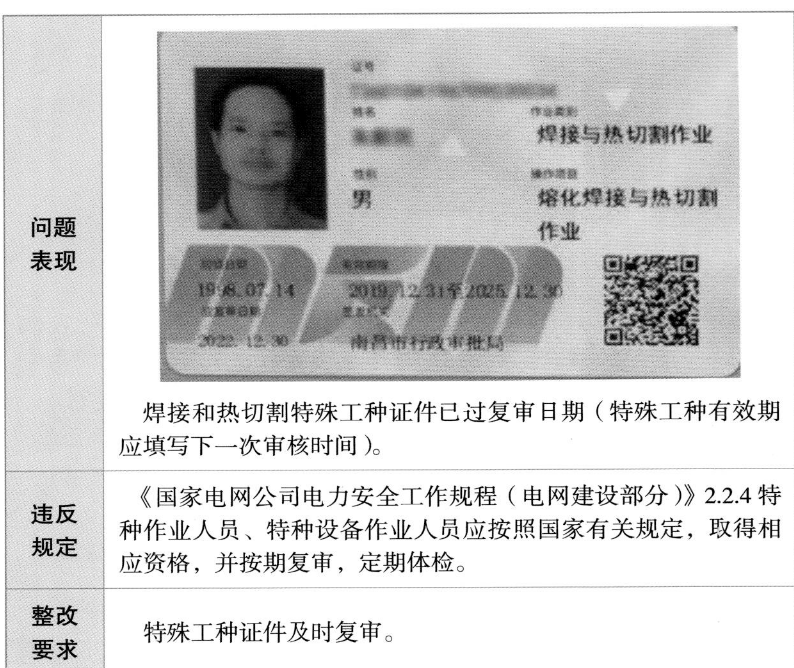 焊接和热切割特殊工种证件已过复审日期（特殊工种有效期应填写下一次审核时间）。
违反规定	《国家电网公司电力安全工作规程（电网建设部分）》2.2.4 特种作业人员、特种设备作业人员应按照国家有关规定，取得相应资格，并按期复审，定期体检。
整改要求	特殊工种证件及时复审。

第3章 变电部分违章

3.1 脚手架搭设人员高空作业未佩戴安全带

问题表现	脚手架搭设人员高空作业未佩戴安全带。 
违反规定	《建筑施工扣件式钢管脚手架安全技术规范》9.0.2：搭拆脚手架人员必须佩戴安全帽、系安全带、穿防滑鞋。
整改要求	搭拆脚手架人员必须佩戴安全帽、系安全带、穿防滑鞋。

3.2 未安装扫地杆，或扫地杆未连通

<table>
<tr><td>问题表现</td><td>

未安装扫地杆，或扫地杆未连通。</td></tr>
<tr><td>违反规定</td><td>《建筑施工扣件式钢管脚手架安全技术规范》（JGJ 130—2011）6.3.2 脚手架必须设置纵、横向扫地杆。纵向扫地杆应采用直角扣件固定在距钢管底端不大于 200mm 处的立杆上。横向扫地杆应采用直角扣件固定在紧靠纵向扫地杆下方的立杆上。</td></tr>
<tr><td>整改要求</td><td>脚手架必须设置纵横向扫地杆后才可继续施工。</td></tr>
</table>

3.3　脚手板未满铺且未设置挡脚板

<table>
<tr><td>问题表现</td><td>脚手板未满铺且未设置挡脚板。
</td></tr>
<tr><td>违反规定</td><td>《电力建设安全工作规程　第 3 部分：变电站》(DL 5009.3—2013) 4.4.8 脚手板的铺设应遵守下列规定：作业层、顶层和第一层脚手板应铺满、铺稳、铺实。
4.4.9 脚手架的外侧、斜道和平台应设 1.2m 高的护栏，0.6m 处设中栏杆和不小于 180mm 高的挡脚板或设防护立网，临街或靠近带弓设施的脚手架应采取封闭措施，架顶栏杆内侧的高度应低于外墙 200mm。</td></tr>
<tr><td>整改要求</td><td>按要求设置脚手板和挡脚板。</td></tr>
</table>

3.4　脚手架搭设及使用不规范

<table>
<tr><td>问题表现</td><td>(1) 钢管裂纹、折痕、表面明显凹陷、严重锈蚀。
(2) 扣件裂纹、未经抽样检测，螺栓拧紧扭力矩不满足要求。
(3) 未设置扫地杆、剪刀撑。
(4) 脚手架地基未平整坚实。</td></tr>
</table>

续表

<table>
<tr><td>问题表现</td><td>（5）脚手板未满铺、未绑扎固定。
（6）脚手架超负荷集中堆料。
（7）脚手架未经验收挂牌投入使用。

</td></tr>
<tr><td>违反规定</td><td>（1）《国家电网有限公司电力建设安全工作规程　第 1 部分：变电》10.3.2.1 不得使用带有裂纹、折痕、表面明显凹陷、严重锈蚀的钢管。</td></tr>
</table>

续表

违反规定	10.3.3.4 脚手架的立杆应垂直。应设置纵横向扫地杆，并应按定位依次将立杆与纵、横向扫地杆连接固定。 10.3.2.2 脚手架不得使用有脆裂、变形或滑丝的扣件。 10.3.3.7 双排脚手架应设置剪刀撑与横向斜撑，单排脚手架应设置剪刀撑。 10.3.3.9 作业层脚手板应铺满、铺稳、铺实，作业层端部脚手板探头长度应取 150mm，其板两端均应与支撑杆可靠固定。 10.3.4.1 脚手架搭设后应经使用单位和监理单位验收合格挂牌后方可使用，使用中应定期进行检查和维护。 10.4.3.3 高处钢筋安装时，不得将钢筋集中堆放在模板或脚手架上，脚手架上不得随意放置工具、箍筋或短钢筋。 （2）《建筑施工扣件式钢管脚手架安全技术规范》（JGJ 130—2011） 8.1.4 扣件进入施工现场应检查产品合格证，并应进行抽样复试。 7.3.11 扣件安装应符合下列规定：螺栓拧紧扭力矩不应小于 40N · m，且不应大于 65N · m。
整改要求	（1）脚手架钢管、扣件、脚手板等材料按要求开展进场检查，扣件按要求抽样复试合格。 （2）脚手架搭设、拆除人员持有效证件上岗作业。 （3）钢管、扣件、脚手板等规范安装，扣件螺栓按照要求紧固。 （4）严格执行脚手架验收程序，验收合格挂牌后投入使用。

3.5　运行站扩建施工时地下设施未探明即开挖

问题表现	开挖前未查看图纸，未确定地下管线、地网走向。
违反规定	《国家电网有限公司电力建设安全工作规程　第 1 部分：变电》10.1.1.1 在有电缆、光缆及管道等地下设施的地方开挖时，应事先取得有关管理部门的同意，制定施工方案，并有相应的安全措施且有专人监护。
整改要求	（1）开挖前探明、确定地下设施，制定施工方案。 （2）机械开挖采用一机一指挥的组织方式。

3.6 擅自扩大作业范围

问题表现	（1）擅自拆除、移动、翻越围栏、警戒带，进行超范围作业。 （2）擅自解锁操作设备，擅自打开屏柜或绝缘挡板作业。
违反规定	《国家电网有限公司电力建设安全工作规程　第1部分：变电》6.1.5 施工现场应按规定配置和使用施工安全设施。设置的各种安全设施不得擅自拆、挪或移作他用。 12.3.3.6 不得任意移动或拆除围栏、接地线、安全标志牌及其他安全防护设施。 5.3.3.5（d）服从工作负责人、专责监护人的指挥，严格遵守本标准和劳动纪律，在指定的作业范围内工作。
整改要求	（1）立即停止作业，人员撤离违章现场，恢复围栏、屏柜、挡板等安全措施。 （2）组织现场作业人员对作业票进行交底，再次明确作业范围及安全措施。

3.7 临近带电作业未设置安全隔离措施

问题表现	施工区域与运行区域未设置安全隔离围栏并悬挂标志牌。 

续表

<table>
<tr><td>问题表现</td><td>
</td></tr>
<tr><td>违反规定</td><td>《国家电网有限公司电力建设安全工作规程　第 1 部分：变电》12.3.3.2 在室内高压设备上或某一间隔内作业时，在作业地点两旁及对面的间隔上均应设围栏并悬挂“止步，高压危险！”的安全标志牌。
12.3.3.3 在室外高压设备上作业时，应在作业地点的四周设围栏，其出入口要围至邻近道路旁边，并设有“从此进出！”的安全标志牌，作业地点四周围栏上悬挂适当数量的“止步，高压危险！”的安全标志牌，标志牌应朝向围栏里面。</td></tr>
<tr><td>整改要求</td><td>（1）立即停止作业，设置安全隔离措施及警示标志。
（2）作业过程中，全程专人监护。</td></tr>
</table>

3.8　运行站内违规搬运或违规使用工器具

<table>
<tr><td>问题表现</td><td>（1）在运行变电站及高压配电室内搬动梯子等长物未放倒，手持非绝缘物件时超过本人头顶。
（2）在带电设备周围，使用钢卷尺、皮卷尺和线尺（夹有金属丝者）。
（3）在带电设备区域内或临近带电母线处，使用金属梯子。</td></tr>
</table>

续表

违反规定	《国家电网有限公司电力建设安全工作规程　第1部分：变电》12.1.5.1 在运行的变电站及高压配电室搬动梯子、线材等长物时，应放倒两人搬运，并应与带电部分保持安全距离。在运行的变电站手持非绝缘物件时不应超过本人的头顶，设备区内不得撑伞。 12.1.5.2 在带电设备周围，不得使用钢卷尺、皮卷尺和线尺（夹有金属丝者）进行测量作业，应使用相关绝缘量具或仪器进行测量。 12.1.5.3 在带电设备区域内或临近带电母线处，不得使用金属梯子。
整改要求	（1）立即停止作业，组织开展工器具排查，将违规工器具清出现场。 （2）作业过程中，全程专人监护。

3.9　运行设备二次回路作业时未采取防止继电保护“三误”措施

问题表现	（1）未严格执行签发后的“二次工作安全措施票”。 （2）运行屏柜内工作时未使用绝缘工器具，或工器具金属部分未做好绝缘防护措施。 （3）未经允许修改运行设备定值，擅自操作运行设备压板、空气开关等。 （4）做一、二次传动或一次通电时未事先通知相关人员，擅自操作。
违反规定	（1）《国家电网有限公司电力安全工作规程（变电部分）》 13.3 检修中遇有下列情况应填用二次工作安全措施票： a）在运行设备的二次回路上进行拆、接线工作。 b）在对检修设备执行隔离措施时，需拆断、短接和恢复同运行设备有联系的二次回路工作。

续表

违反规定	13.4.1 二次工作安全措施票的工作内容及安全措施内容由工作负责人填写，由技术人员或班长审核并签发。 13.4.2 监护人由技术水平较高及有经验的人担任，执行人、恢复人由工作班成员担任，按二次工作安全措施票的顺序进行。 （2）《国家电网有限公司电力建设安全工作规程　第 1 部分：变电》11.14.4.3 进行与已运行系统有关的继电保护、自动装置及监控系统调试时，应采取安全技术措施将相关二次回路与运行设备隔离，必要时申请退出运行设备；做一、二次传动或一次通电时应事先通知相关人员，必要时应有运维人员和有关人员配合作业，严防误操作。 12.4.3.8 运行带电盘、柜内检修作业（清灰，紧固二次接线端子、设备接口端子），工器具（毛刷、螺丝刀）的金属部分应做好绝缘防护措施，避免人员触电和接线端子短路，发生电网事故。
整改要求	（1）使用带有绝缘防护的工器具，严格按照正式定值单整定并核对，在运行设备连接片、空气开关等处采取防止误操作措施。 （2）做一、二次传动或一次通电前，事先通知相关人员并全程监护。

第 4 章　线路部分违章

4.1　现场使用吊车无提升限位器

问题表现	现场使用吊车无提升限位器。
违反规定	《国家电网公司电力安全工作规程（电网建设部分）》4.5.12 起重机械的各种监测仪表以及制动器、限位器、安全阀、闭锁机构等安全装置应完好齐全、灵敏可靠，不得随意调整或拆除。禁止利用限制器和限位装置代替操纵机构。
整改要求	增加吊车的限位器后才可继续作业。

4.2　登高作业处未设置施工人员站位装置或临时扶手，不便于高空作业，未采用自锁器

问题表现	登高作业处未设置施工人员站位装置或临时扶手，不便于高空作业，未采用自锁器。
违反规定	《国家电网公司电力安全工作规程（电网建设部分）（试行）》4.1.16 高处作业人员上下杆塔等设施应沿脚钉或爬梯攀登，在攀登或转移作业位置时不得失去保护。杆塔上水平转移时应使用水平绳或设置临时扶手，垂直转移时应使用速差自控器或安全自锁器等装置：禁止使用绳索或拉线上下杆塔，不得顺杆或单根构件下滑或上爬：杆塔设计时应提供安全保护设施的安装用孔。
整改要求	登高作业处增加临时扶手，并增加自锁器。

4.3　货运索道载人或未经验收挂牌即投入使用

问题表现	（1）施工人员乘坐货运索道。 （2）现场索道搭设完成后，或经长期停运使用前，未验收挂牌擅自投入使用。

续表

<table>
<tr><td>问题表现</td><td>

</td></tr>
<tr><td>违反规定</td><td>（1）《国家电网有限公司电力建设安全工作规程　第 2 部分：线路》9.5.6 索道架设完成后，或经长期停运使用前，应经使用单位和监理单位安全检查验收合格后才能投入试运行，索道试运行合格后，方可运行；违反第 9.5.14 条规定：索道不得超载使用，不得载人。
（2）《国家电网有限公司关于防治安全事故重复发生实施输变电工程施工安全强制措施的通知》二、加强作业关键环节验收把关。</td></tr>
</table>

续表

整改要求	（1）禁止乘坐货运索道。 （2）索道架设完成后，或经长期停运使用前，由施工作业层班组长、班组安全员、班组技术员、监理工程师、业主项目部安全专责共同按施工方案及规程规范要求进行验收挂牌。

4.4　水上作业或乘坐船舶时未使用救生设备

问题表现	 （1）水上作业船只或运输船只未配备救生设备。 （2）进行水上作业或水上运输时，作业人员未正确穿戴救生衣，作业人员不能熟练使用救生设备。
违反规定	《国家电网有限公司电力建设安全工作规程　第 2 部分：线路》9.3.5（b）船上应配备合格齐备的救生设备。 （c）乘船人员应正确穿戴救生衣，掌握必要安全常识，会熟练使用救生设备。
整改要求	（1）组织作业人员进行水上作业或运输的专项安全教育培训。 （2）配备合格齐备的救生设备。 （3）水上作业或乘坐船舶时，安排专人检查救生设备配置使用情况。

4.5 使用正装方式对接组立悬浮抱杆，未正确使用腰环

问题表现

（1）使用正装方式对接组立悬浮抱杆。

（2）提升抱杆时未设置腰环或设置腰环数量不足。

续表

违反规定	《国家电网有限公司电力建设安全工作规程　第 2 部分：线路》11.7.2 承托绳应绑扎主材节点的上方。承托绳与抱杆轴线夹角不应大于 45° 。 11.7.4 提升抱杆宜设置两道腰环，两道腰环之间距离应根据抱杆长度合理设置，以保持抱杆的竖直状态。 11.7.8 抱杆无法一次整体起立时，多次对接组立应采取倒装方式，禁止采用正装方式对接组立悬浮抱杆。
整改要求	（1）严禁采用正装方式对接组立悬浮抱杆。 （2）按要求设置腰环。

4.6　组塔架线作业前，地脚螺栓未拧紧、无防卸措施

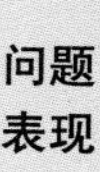 问题表现	 （1）铁塔组立后地脚螺栓螺帽未拧紧或螺帽不匹配，未采取防卸措施。 （2）组塔架线作业前地脚螺栓未验收。

续表

违反规定	（1）《国家电网有限公司电力建设安全工作规程 第2部分：线路》11.1.8（1）杆塔组立前，应核对地脚螺栓与螺母型号是否匹配。铁塔组立后，地脚螺栓应随即采取加垫板并拧紧螺帽及打毛丝扣等适当防卸措施（8.8级、10.9级高强度地脚螺栓不应采用螺纹打毛的防卸措施）。 （2）《国家电网有限公司关于防治安全事故重复发生实施输变电工程施工安全强制措施的通知》二、加强作业关键环节验收把关（简称“四验”）4. 组塔架线作业前地脚螺栓必须通过验收。
整改要求	（1）使用型号匹配的地脚螺栓和螺母。 （2）铁塔组立后及时对地脚螺栓拧紧并做好防卸措施。

4.7 不停电跨越施工未采取有效的接地保护

问题表现	（1）不停电跨越施工跨越档两端的放线滑轮未采取接地措施。 （2）耐张塔挂线前未用导体将耐张绝缘子串短接。
违反规定	《国家电网有限公司电力建设安全工作规程 第2部分：线路》13.2.8 跨越档两端铁塔上的放线滑轮均应采取接地保护措施，放线前所有铁塔接地装置应安装完毕并接地可靠。人力牵引跨越放线时，跨越档相邻两侧的施工导线、地线应接地。 12.10.4 紧线时的接地应遵守下列规定：b）耐张塔挂线前，应用导体将耐张绝缘子串短接。
整改要求	（1）跨越档两端的放线滑车采用接地放线滑车，并保证接地回路可靠连接。 （2）耐张塔挂线前使用导体将耐张绝缘子串短接。

4.8 放紧线施工未设置反向临时拉线

问题表现	放紧线施工时，耐张塔单侧挂线，未按要求设置反向临时拉线。

续表

问题表现 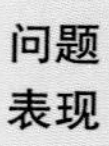	
违反规定	《国家电网有限公司电力建设安全工作规程　第 2 部分：线路》12.6.1 紧线的准备工作应遵守下列规定：紧线杆塔的临时拉线和补强措施以及导线、地线的临锚应准备完毕。
整改要求	按施工方案中要求，设置反向临时拉线。

4.9　紧断线平移导线挂线，不交替平移子导线

问题表现	紧断线平移导线挂线作业，不交替平移子导线挂线，造成杆塔横担受力严重不均衡。
违反规定	《国家电网有限公司关于防治安全事故重复发生实施输变电工程施工安全强制措施的通知》三、4. 紧断线平移导线挂线，禁止不交替平移子导线。
整改要求	紧断线平移导线挂线作业，应在耐张塔横担的两侧交替进行平移导线挂线，必要时放松导线张力后再交替移动，以降低杆塔承受的不平衡张力。

4.10 附件安装作业未正确使用接地线及个人保安线

问题表现	（1）附件安装作业未在作业区段两端挂设接地线。 （2）地线附件安装前，未采取接地措施。 （3）未正确使用个人保安线进行附件安装作业。
违反规定	《国家电网有限公司电力建设安全工作规程　第2部分：线路》12.10.5 附件安装时的接地应遵守下列规定：a）附件安装作业区间两端应装设接地线。施工的线路上有高压感应电时，应在作业点两侧加装工作接地线。b）作业人员应在装设个人保安线后，方可进行附件安装。c）地线附件安装前，应采取接地措施。
整改要求	（1）附件安装作业前，工作负责人安排专人在作业区段两端挂设接地线，并对接地线的挂设情况在作业票上做好记录。 （2）附件安装前，必须正确挂设个人保安线。

4.11 人工挖孔基础施工，未使用深基坑一体化装置

问题表现	 人工挖孔基础作业未使用深基坑一体化装置。

续表

违反规定	（1）《国家电网有限公司电力建设安全工作规程　第 2 部分：线路》10.4.2.5 孔内作业应坚持“先通风、再检测、后作业”的原则，在氧气浓度、有害气体、可燃性气体、粉尘的浓度可能发生变化的环境中作业应保持必要的测定次数或连续检测。孔口设置安全防护围栏和安全警示标志，必要时夜间应设置警示红灯。当孔深超过 10m 时或孔内有沼气等有害气体时，应对孔内进行送风补氧。人员每次下井作业前，应先行对孔内送风 10min 以上。 （2）《国家电网有限公司输变电工程建设安全“四不两直”检查标准化手册》的有关规定。
整改要求	配置并使用深基坑一体化装置，先通风、再检测、后作业。

4.12　高空作业人员未采用全方位安全带，衣袖未扎紧

问题表现	 高空作业人员未采用全方位安全带，衣袖未扎紧。

续表

违反规定	 《国家电网公司电力安全工作规程（电网建设部分）》4.1.4 高处作业人员应衣着灵便，衣袖、裤脚应扎紧，穿软底滑鞋，并正确佩戴个人防护用具。 4.1.5 高处作业人员应正确使用安全带，宜使用全方位防冲击安全带，杆塔组立、脚手架施工等高处作业时，应采用速差自控器等后备保护设施：安全带及后备防护设施应高挂低用。高处作业过程中，应随时检查安全带绑扎的牢靠情况。
整改要求	立即更换全方位防冲击安全带，衣袖、裤腿应扎紧。

4.13 钢丝卡头反用，链条葫芦尾绳未收绕

问题表现	 钢丝卡头反用，链条葫芦尾绳未收绕。

续表

违反规定	《电力建设安全工作规程　第 2 部分：电力线路》(DL 5009.2—2013) 5：钢丝绳端部用绳卡固定连接时，绳卡压板应在钢丝绳主要受力的一边，并不得正反交叉设置。绳卡间距不应小于钢丝绳直径的 6 倍，连接端的绳卡数量应符合表 3.4.20–4 的规定。
整改要求	更换钢丝卡头，链条葫芦尾绳收紧。

4.14　导线盘支架采用机械牵引展放导地线时缺少刹车装置，用竹竿控制放线速度

问题表现	 导线盘支架采用机械牵引展放导地线时缺少刹车装置，用竹竿控制放线速度。

续表

违反规定	《国家电网公司电力安全工作规程（电网建设部分）》10.3.16：牵引时接到任何岗位的停车信号均应立即停止牵引，停止牵时应先停牵引机，再停张力机。恢复牵引时应先开张力机，再开牵引机。
整改要求	增加刹车装置。

4.15 跨越架无扫地杆，埋深不足 0.5m，绑扎不符合要求

问题表现	 跨越架无扫地杆，埋深不足 0.5m，绑扎不符合要求。
违反规定	《国家电网公司电力安全工作规程（电网建设部分）（试行）》 e）木、竹跨越架的立杆、大横杆应错开搭接，搭接长度不得小于 1.5m，绑扎时小头应压在大头上，绑扣不得少于 3 道。立杆、大横杆、小横杆相交时，应先绑 2 根，再绑第 3 根，不得一扣绑 3 根。

续表

违反规定	f）木、竹跨越架立杆均应垂直埋入坑内，杆坑底部应夯实，埋深不得少于 0.5m，且大头朝下，回填土应夯实。
整改要求	增加扫地杆，并增加埋深。

第 5 章　电缆部分违章

5.1　电缆绝缘耐压试验前后未对电缆充分放电

问题表现	电缆绝缘耐压试验前、后未对电缆充分放电。
违反规定	《国家电网有限公司电力建设安全工作规程　第 1 部分：变电》11.12.5.1 电缆耐压试验前，应对设备充分放电，并测量绝缘电阻。 11.12.5.7 电缆试验结束，应对被试电缆进行充分放电，并在被试电缆上加装临时接地线，待电缆尾线接通后方可拆除。
整改要求	电缆试验前、后逐相对电缆充分放电，电缆尾线接通前加装临时接地。

5.2　电缆停电切改施工前未准确判定停电线路，未将电缆接地

问题表现	（1）电缆停电切改施工时未配备专用仪器对停电电缆线路进行判定。 （2）开断电缆前未使用安全刺锥刺穿电缆接地。

续表

违反规定	《国家电网有限公司电力建设安全工作规程　第 2 部分：线路》14.3.5 开断电缆前，应与电缆走向图纸核对相符，并使用专用仪器（如感应法）确认电缆无误并证实电缆无电后，用接地的带绝缘柄的铁钎钉入电缆芯后，方可作业。
整改要求	（1）开断电缆前，与电缆走向图核对相符，用专用仪器确认电缆无误并证实电缆无电。 （2）使用安全刺锥刺穿电缆接地。

5.3　电缆隧道内作业时有害气体超标

问题表现	（1）隧道内临时通风设施投入数量不足。 （2）未配备有害气体检测仪器或未定时检测。
违反规定	《国家电网有限公司电力建设安全工作规程　第 2 部分：线路》14.1.2 电缆隧道应有充足的照明，并有防水、防火、通风措施。进入电缆井、电缆隧道前，应先通风排除浊气，并用仪器检测做好记录，合格后方可进入。 14.1.3 电缆井、隧道内工作时，应配备安全和抢救器具，如：防毒面罩、呼吸器具、通信设备、梯子、绳缆以及其他必要的器具和设备。
整改要求	（1）足额配备通风设施。 （2）安排专人定时对坑底有害气体进行监测，并配置相应的个人防护用品及应急救援物资。